纺织服装"十四五"部委级规划教材

服装项目产品设计

主 编 丁 伟 郑蓓娜

副主编 刘 勤

参 编 胡婷婷 余嘉雯

U0377696

东华大学出版社·上海

内容简介

《服装项目产品设计》系统讲述了服装系列产品设计的各个环节。例如服装项目设计市场调研、服装流行趋势分析、面料再造设计、服装品牌企划与系列研发等。本书重新确立了服装项目产品设计的重要地位，详细讲述了流行趋势、流行色、流行款式、面料造、大师造、未来造、品牌市场主题系列设计等方面对于服装项目产品设计的影响。

图书在版编目（ＣＩＰ）数据

服装项目产品设计 / 丁伟，郑蓓娜主编 . —上海：东华大学出版社，2021.1
ISBN 978-7-5669-1832-1

Ⅰ.①服⋯　Ⅱ.①丁⋯ ②郑⋯　Ⅲ.①服装设计—产品设计　Ⅳ.① TS941.2

中国版本图书馆CIP数据核字（2020）第241527号

服装项目产品设计
FUZHUANG XIANGMU CHANPING SHEJI

主　　编 : 丁　伟　郑蓓娜
出　　版 : 东华大学出版社（上海市延安西路1882号，200051）
网　　址 : http://dhupress.dhu.edu.cn
天猫旗舰店 : http://dhdx.tmall.com
营销中心 : 021-62193056　62373056　62379558
印　　刷 : 上海颛辉印刷厂有限公司
开　　本 : 889 mm×1194 mm　1/16　印张 : 5.5
字　　数 : 190千字
版　　次 : 2021年1月第1版
印　　次 : 2023年2月第2次印刷
书　　号 : ISBN 978-7-5669-1832-1
定　　价 : 38.00元

前　言

　　《服装项目产品设计》系统讲述了服装系列产品设计的各个环节。包括：服装市场调研、流行趋势分析、面料再造设计、品牌市场调研、系列服装设计等。本书重点阐述了服装项目产品设计的重要地位，详细讲述了流行趋势、流行色、流行款式、面料造、大师造、未来造、品牌市场主题系列设计等方面对于服装项目产品设计的影响。本书通过实际案例分析了流行趋势在项目产品设计中的重要作用，创新性的提出了面料再造系列设计，从大师的经典作品中获取设计灵感，并对其进行面料的改造，创造出全新的面料图案。品牌市场调研也是服装项目产品设计中的重要组成部分，本书分别从主题、风格、功能等多方面对系列创新设计一一详解。本书全过程详细描述和分析了服装项目产品设计的流程及方法，对于学生而言是难得的学习机会，其中挑选了部分优秀学生系列设计作品作为案例分析，从市场调研到流行趋势的搜集与整理，到面料的设计创造，再到品牌系列设计，以图片和文字形式分析了服装项目产品设计的全过程。

编　者

目 录 CONTENTS

服装项目设计市场调研

项目描述：

　　市场调研是一门专业资讯搜集与整合的训练课程，结合企业的实际设计工作岗位与工作流程来进行设计。先从调研概念开始，接着通过调研的内容，把调研的方法进行细分，针对性地进行教学，然后以主题任务的形式进行实践调研。

项目目标：

　　1. 了解市场调研的概念及目的，细分服装的结构造型、细节、色彩、肌理、印花及表面装饰、服装历史背景及各种文化艺术、当下流行趋势等；

　　2. 对市场进行调研，通过实践操作，掌握品牌定位。

项目任务：

　　市场调研

情景导入：

　　服装市场调研对于服装企业而言具有重要意义。通过调研，可以帮助企业及时了解消费者的需求和需求变化，了解服装企业内外部环境的变化；也可以帮助企业准确地选择目标市场和市场定位，开发新产品、新市场。因此学好服装设计必须掌握品牌市场调研。

服装市场调研的概念与目的

⊙ 课时：8节

一、服装市场调研

（一）服装市场调研的概念

服装市场调研是指运用科学的方法，有目的地收集、整理和分析研究有关服装设计、生产、营销方面的信息，提出解决问题的建议，供营销管理人员了解营销市场环境，发现机会与问题，作为市场预测和营销决策的依据。

服装市场调研对于服装企业而言，具有重要意义。服装产业是一个时尚产业，服装市场瞬息万变，服装企业的营销活动是从了解市场、分析市场和预测市场开始的。通过调研，可以帮助企业及时了解消费者的需求和需求变化，了解服装企业内外部环境的变化；也可以帮助企业准确地选择目标市场和进行市场定位，以开发新产品、新市场；还可以帮助服装企业制订科学的营销规划，设计并优化营销组合，以及对营销计划的执行情况进行监控等。

（二）服装市场调研的目的

服装市场调研是采用科学的手段和方法，通过文案调研、走访市场调研、观察法调研、问卷调查等方式收集服装市场数据，进行归纳、筛选、分析和总结，依次把握市场潜在需求、探求服装市场变化规律和未来发展趋势，提出应对服装市场的设计方案，为企业制定市场营销方案提供决策

依据。换句话说，服装市场调研是指为了提高市场营销决策质量，发现市场机会和更有效地解决经营中的问题，从而系统地、客观地识别收集、整理、分析服装市场信息的活动。

二、服装市场调研的内容与方法

（一）服装市场调研的内容

服装市场调研的最终目的是实现服装在市场上大幅占有销售额，所以服装市场调研内容非常广泛，主要是销售环境、商品形象、销售情况、服务情况、消费者情况五个方面的调研。

1. 销售环境

销售环境主要包括：地段、环境、位置、道具、广告等（图1-1~图1-6）。

图1-1

图1-2

图1-3

图1-4

图1-5

图1-6

2. 商品形象

主要有季节主题、款式、色彩、面料、工艺、价格等（图1-7～图1-11）。

价格主要包括产品分类价格带、典型产品价格、折扣价。

图1-7

图1-8

色彩

图1-9

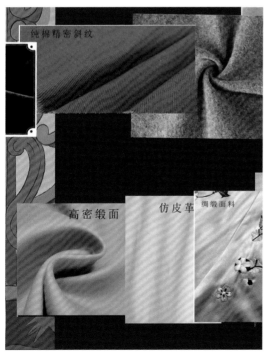

纯棉精密斜纹

高密缎面　仿皮革　绸缎面料

图1-10

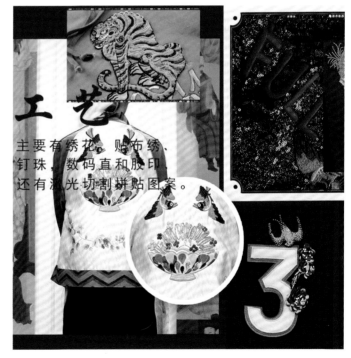

工艺

主要有绣花、贴布绣、
钉珠、数码直和胶印，
还有激光切割拼贴图案。

图1-11

3. 销售情况

主要分为指标与实绩两部分。指标是指店方销售指标、销售分成方式；实绩是指年销售实绩、月销售实绩、单日平均销售实绩、商场销售排名等。

4. 服务情况

服务包括营业员情况、服务、售后服务。

营业员：人数、年龄、外形、收入；

服务：语言、技能、态度、程序；

售后服务：退换货、货品修补。

5. 消费者情况

主要包括人群、试衣、购买三种。

人群：年龄、性别、职业、收入、教育程度、兴趣爱好；

试衣：试衣人数和试衣件数；

购买：实际购买人数和购买件数。

（二）服装市场调研的方法

服装市场调研方法可分为二手资料调研法和一手资料调研法。

1. 二手资料调研法（也称文案调研法）

二手资料调研法是指调研人员通过网络、报刊对企业内部和外部各种文献、档案材料、图像进行收集，加以分类整理和统计，挖掘服装的市场状况及发展趋势，以备服装设计师参考。如下述例1、例2是对具有参考价值的文献进行筛选，对关键内容和重要文字作出标记，收集有关历史和现实的各种市场经济活动资料的调查方法。在市场调研过程中，二手资料调研是非常基础的一个工作。一般在正式的大规模调研开始前，调研人员都需要查找二手资料来明确调查目的、调查范围，了解市场背景资料。

例1: ▰▰▰▰▰

材料收集：将收集到的文献、材料剪贴在一起（图1-12）。

例2: ▰▰▰▰▰

图像形式：收集来自城市中的高楼大厦和一些建筑结构，体现职场概念，在这个主题中强调分割、流畅的线条（图1-13）。

2. 一手资料调研法（又称直接调研法、实地调研法）

一手资料调研是指由市场调研人员亲自搜集第一手资料，以笔记和面料小样的形式，经过分析判断而得到调查结论的调查方法。一手资料调研法主要包括访问调查法、观察调查法、实验调查法、问卷调研法等方法。

（1）访问调查法

访问调查法是指直接向被调查者提出问题，根据被调查者的回答来搜集信息资料的方法，包括面谈访问法、电话访问法、邮寄访问法、留置问卷法和网络调查法等（如图1-14~1-18）。

面谈访问法是指企业调查人员通过与被调查者面对面的访谈而获得资料的方法。

电话访谈法是指调查人员通过电话向被调查者了解有关情况的一种调查方法。

邮寄访问法是指调查人员将设计好的调查问卷通过邮局寄给被调查者，由被调查者填好后在规定的时间内寄回的调查方法。

留置问卷法是指调查人员将调查问卷当面交给被调查者，说明调查意图和要求，由被调查者自行填写，再由调查人员按约定日期收回的一种调查方法。

网络调查法是指调查人员利用网络系统，将调查问卷通过电子邮件发给被调查者或挂在网上，由被调查者填写后发回或提交的一种调查方法。

图1-12

图1-13

    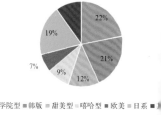

图1-14 　　　　　 图1-15 　　　　　 图1-16 　　　　　 图1-17 　　　　　 图1-18

（2）观察调查法

所谓观察调查法就是用最直观的方法来获取数据，是调查人员自己直接进入服装市场，以一个普通顾客的身份直接对服装销售情况进行摸底。在销售员不知情的情况下，用一些先进的设备手段，如录音、手机拍摄、摄像等设备，收集第一手销售资料，从而获取市场信息资料的调查方法。由调查人员凭借自己的感觉器官观察记录有关内容，称为人工观察；使用一些先进的设备、手段，如录音、摄像等进行观察，称为仪器观察。

（3）实验调查法

实验调查法是通过实验设计和观测实验结果而获取有关的信息，是服装企业用于新产品的试销和新方案的实施前的调研。实验调查法的方式比较多，企业可以用小规模的展会或者订货会等场合选定某一个群体来尝试，也可以通过企业生产的新产品抽样控制进行控制前后对比。实验调查法取得的数据一般来说比较科学合理，数据较客观，可信度较高，提高了工作的预见性，但实验调查法的费用也相对较高。

三、服装市场调研任务的确定

（一）确定调研任务

确定调研任务，就是总结过去营销过程中存在的问题及此次营销调研所要达到的目标。调研人员需细致地了解企业的需求，并利用现有的二手资料与专业的调研经验来确定任务。企业所要解决的问题不同，研究目标也会不同，随之决定了调研的类型、内容、方法也会有很大不同。调研任务是由企业所现存的问题决定的，是为了解决

问题而提出的调查方向和目的。

（二）制订调研方案

市场调研方案一般包括调研目的、调研对象、调研范围、调研方式与方法、调研日程安排、调研经费预算、调研控制措施等内容。

（三）收集信息

收集信息是按照确定的调查项目、对象和方法来查找搜集各种资料的过程。通过组织调查人员设计调查问卷，开展实地调查收集信息（表1-1）。收集信息的工具主要是调查问卷，调查问卷是收集信息最常规的工具，也是应用最广泛的工具。

四、调研资料的整理分析与撰写调研报告

（一）调研资料的整理分析

调研资料的整理分析要求调查人员运用科学方法，对调查所得资料进行审核、分类和分析，使之系统化、条理化，并以简明的方式准确反映所调查问题的真实情况。

（二）撰写调研报告

调研报告是市场调查研究成果的集中体现，调研报告要根据调研目的和任务，利用收集到的调查资料，经过分析研究，作出判断性结论，提出建设性的措施、意见。撰写调研报告后，调研机构和调研人员还应跟踪报告结论和建议的采用情况，评估调研工作的效益（表1-2）。跟踪研究对提高调研机构服务信誉、对调研人员的工作考评，甚至对委托人的下一步合作都有很大帮助。

表1-1　休闲服饰品牌市场调查表

各位先生、女士：

您好！我们是在校学生，我们正在进行一项有关于运动休闲服饰的市场调查，现在耽误您两分钟，麻烦您帮我们做一份问卷，您的答案将对我们很有帮助。非常感谢您的配合！

1. 您的性别？

　A. 男　　　　　　　　　　　　　B. 女

2. 您的年龄？

　A. 16~20岁　　　B. 21~25岁　　　C. 26~30岁　　　D. 30~35岁　　　E. 36岁级以上

3. 您每月用于购买休闲服饰的资金大概是？

　A. 500元以内　　B. 501~1000元　　C. 1001~2000元　　D. 2001元以上

4. 您的职业？

　A. 学生　　　　　B. 蓝领　　　　　C. 白领　　　　　D. 退休　　　　　E. 待业

5. 您的月收入范围？

　A. 1000元以下　　B. 1001~3000元　　C. 3001~5000元　　D. 5001元以上

6. 您比较能接受的休闲运动服装价格是？

　A. 100元以内　　B. 101~200元　　C. 201~300元　　D. 301元以上

7. 在购买休闲服饰时，您是否会受产品品牌的影响？

　A. 完全没有影响　　B. 有一定影响　　C. 有较大影响　　D. 完全由品牌影响

8. 您购买休闲服饰的主要原因是？

　A. 赠送礼品　　　B. 追求潮流　　　C. 一时冲动　　　D. 生活要求　　　E. 其他

9. 请问您一般选择在什么时候购买休闲服饰？

　A. 新品上市　　　B. 促销打折　　　C. 换季打折　　　D. 节假日　　　E. 随意（无所谓）

10. 您购买运动休闲服装的频率是？

　A. 不固定　　　　B. 平均一月购买一次　　C. 平均一季度购买一次　　　D. 其他

11. 您购买前的信息来源主要是？（多选最多3项）

　A. 亲友建议　　　B. 电视广告宣传　　C. 户外广告宣传　　　　　　D. 网络资料
　E. 现场销售人员的介绍　　　　F. 以前自己使用的经验　　G. 逛街偶尔发现　　H. 其他

12. 您最喜欢哪种风格的休闲服饰设计？

　A. 凸现个性　　　B. 清新自然　　　C. 传统雅致　　　D. 时尚动感　　　E. 其他

13. 您最经常购买的运动休闲服装品牌是？

　A. ADIDAS　　　B. 真维斯　　　　C. NIKE　　　　　D. 李宁　　　　E. 森马　　　F. 其他

14. 请问您认为选择以下哪种人士作休闲服饰的品牌代言人比较合适？

　A. 影视明星　　　B. 歌星　　　　　C. 模特　　　　　D. 体育明星　　　E. 其他

15. 您认为最易令你留下深刻印象的广告是什么？（多选）

　A. 电视广告　　　B. 户外广告　　　C. 报刊杂志广告　　D. 广播　　　　　E. 服装展览会

16. 请问您通常在以下哪些场所购买休闲服饰？

　A. 中心商业街的专卖店　　　　　　B. 一般街道的临街店铺　　　　　C. 百货商店
　D. 互联网广告店铺广告　　　　　　E. 其他（请注明）

表1-2　Y、Z、M品牌市场调研报告

		Y品牌	Z品牌	M品牌
消费群体	年龄（岁）	25~35	20~35	25~35
	职业特点	刚进入工作岗位的白领	流行敏感度高，消费能力强的类人群	中高层白领
	可用在买衣服的支出（元）	500	2000	1500
	消费习惯	从价格入手，然后看款式	从最新款式入手，再看价格	从最新款式入手，再看价格
	生活方式	朝九晚五		
设计风格定位	风格	年轻、激动、活力	一流的设计 二流的产品 三流的价格	时尚、摩登 大都会感
	产品类别	外套、裙子、上衣	上衣、裤子、连衣裙、外套、大衣	上衣、裤子、连衣裙、外套、大衣
	尺寸范围	L	XS~M	M~XL
	确定价格范围（元）	大衣800~1000 外套200~400	衬衫150~650 外套700~1600 套装1600~2200	衬衣250~500 外套600~1200
	批量生产程度	少批量	一周2次订单 每年有超过12000种的款式	每季换
	廓型	H、A	X、H、A、O	X、H、A
	面料	呢子	针织、牛仔、麻、雪纺	针织、雪纺、牛仔
	色彩	黑白为主打色	印花、中性色调	黑白为主打色
	工艺	不规则剪裁	刺绣、穿珠	拼接、铆钉、注重腰部的设计
	陈列	没有实体店、网店经营为主	比较凌乱	比其它店铺整齐

实训 ////

确定调研品牌，并对该品牌进行门店和网店调研

实训任务指导：教师在教学过程中按照企业的操作流程给学生下达任务，鼓励学生发挥自己的能力，启发学生的创新思维，通过讲、练结合的形式，对学生进行现场指导和讲评，并组织学生深入到服装销售市场调研，使学生体验通过主题任务式真实的调研实践，对主题任务调研总结归纳、提取与整合。

案例掠影：（学生对Y品牌进行市场调研）

学生以对应品牌为方向进行市场调研

项目 2

⊙ 课时：8节

一、下达任务

　　以小组为单位，各学习小组到Y品牌门店和网店进行考查和收集资料，重点关注品牌的定位特点，记录本品牌服装产品的价格、款式、材料、图案色彩、店面文化、客户群年龄、消费特点等。

　　了解市场调查相关的内容。学习小组要分工合作，对Y品牌门店和网店进行考查和收集资料进行整理分析。

二、调研方法

　　对Y品牌门店和网店进行考查和收集资料，绘制Y品牌门店的平面分布图（图1-19），包括国外的、国内各大城市、广州各区、各大网站等。学生小组交流，分析Y品牌的定位特点。

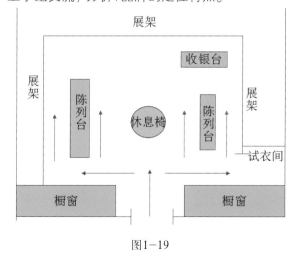

图1-19

　　小组共同设计调研问题，包含Y品牌服装产品的价格、款式、材料、图案色彩、店面文化、客户群年龄、消费特点等调研内容。

三、调查问卷编写设计

　　学习小组需讨论分工合作方案，针对Y品牌特点编写调查问卷，问卷分项按门店和网店的分布、产品的价格、款式、材料、图案色彩、店面文化、客户群年龄、消费特点等来设计问题。

四、撰写调研报告

　　学习小组按分工合作方案，对Y品牌门店和网店进行考查和收集资料并进行分类和整理。就是整理出Y品牌门店和网店的分布、产品的价格、款式、材料、图案色彩、店面文化图片和资料。对消费者的答答进行汇总和分类，针对客户群年龄、消费特点来分析影响服装产品定位的因素。

　　小组成员分工制作《分析与产品定位》的分析报告，报告要求图文并茂，将电子版打印出，版面设计美观，彩图具品牌设计理念。

五、课后任务
（需要提交的附件/市场调查表）

　　1. Y品牌门店和网店的分布图，包括国外的、国内各大城市、广州各区、各大网站等。

2. Y品牌服装的市场调研内容，包括产品的主题、价格、款式、材料、图案色彩、店面文化、消费特点等记录数据及相片、资料册等。

3. Y品牌市场调研分析报告图/表。

4. 消费者的调查问卷。

5. 以上4类图表合成调查报告，将电子版打印出，版面设计美观，彩图具品牌设计理念。

任务拓展

1. 运用市场调研的各种方法，拓展调研与Y品牌风格相似的其它服装品牌。

2. 根据所调查的品牌，对其进行调查问卷设计。

3. 撰写品牌调查调研分析报告。

知识测试：

1. 服装市场调研与品牌项目设计有何关系，调研的作用是什么？

2. 如何将市场调研的方法运用到服装品牌项目设计中？

3. 如何合理设计调研方案？

任务评价

学习领域					
学习情境					
任务名称				任务完成时间	
评价项目		评价内容	标准分值	实得分	扣分原因
任务分解完成评价	任务实施能力评价	任务分析			
		任务操作程序合理规范			
		任务完成主题			
		设计创新			
		技艺表现			
	任务实施态度评价	任务完成数量、时间			
		学习纪律与学习态度			
		团结合作与敬业精神			
评价结论	班级		姓名		学号		组别		合计分数	
	评语					
	评价等级		教师评价人签字		评价日期		

任务 **②**

服装流行趋势分析
（16 节）

任务描述：

    服装的流行趋势是指在一定时期和一定地域内被大多数人所认可的穿衣潮流倾向，是服装消费的一个重要特征，把握流行信息，掌握女装流行趋势预测的类型、内容与表现是女装品牌产品开发不可缺少的重要环节。

任务目标：

    1.了解服装流行趋势预测的概念和目的。

    2.通过图片观察，了解服装流行趋势预测的类型和内容。

    3.让学生通过实训掌握服装流行趋势预测的表现方法。

    4.使学生学会制作流行趋势。

任务内容：

    与企业衔接、深入到企业项目中，制作流行趋势剪贴板，渗入整体完整策划案。内容包含：① 流行趋势主题制定、流行趋势灵感版制作；② 流行趋势色彩版制作；③ 流行趋势款式版制作、流行趋势面料剪贴板制作。

情景导入：

    服装的流行能反映出一定时期人们的审美心理、审美标准和时代的精神风貌。如某些时间、空间、社会因素而出现的流行元素，作为一名服装设计师要做好设计必须具备对服装市场的敏锐观察、分析能力，才能把握流行、掌控市场、引导消费者、创造出新的流行款式。(问题：服装中的字母形如何产生，从A–Z能否设计出字母形态的服装款式？)

知识要素：

    在流行变化速度加快的现代社会，掌握流行对于服装设计有着重要的指导意义，流行信息的获得、反应和决策速度成为决定企业产品竞争力的关键因素。对于流行信息的收集、分析、应用，更是强化产品竞争力的重要手段。设计师必须要具有认知流行、掌握预测方法和应用流行资讯的能力，因此在服装项目产品设计教学中，流行趋势的分析、预测、创新与应用是培养服装专业学生十分重要的内容之一。

    服装产品生命周期的特征使流行趋势的发展有脉可寻，它具有可预测性，是建立在全面的市场调研以及社会发展趋势的全方面预测基础上，其中包含各种社会、经济、人口、消费等统计的资料、新技术的发展、社会现象观念下的背景分析等。充足的资料和专业的经验使预测能贴近客观现实的发展。同时，各大权威机构的预测助力现代媒体高效率直观的宣传，冲击了消费者的视觉和心理，使消费者在自然而然中受到引导启发，服装的流行预测已经成为具有规模性的产业化研究。例如，国际流行色协会一般提前两年推出权威的色彩预测;巴黎PV纤维博览会、国际羊毛局等一般提前12~18个月推出纱线和纺织品的预测;各国服装预测研究设计中心均提前6~12个月推出具体的服装趋势主题，包括文字、流行色、纤维和面料、服装设计手稿以及实物。

流行趋势主题制定、灵感版制作

⊙ 课时：4节

了解服装流行趋势预测的概念，流行趋势预测的目的、灵感来源、类型及内容。

知识点回顾

流行是指社会上新近出现的或某权威性人物倡导的事物、观念、行为方式等被人们接受、采用，进而迅速推广以致消失的过程。流行涉及到社会生活各个领域，包括衣饰、音乐、美术、娱乐、建筑、语言等。

一、服装流行趋势预测的概念

流行趋势预测是指在特定的时间，根据过去的经验，对市场、社会、经济以及整体环境因素所做出的专业评估，以推测可能出现的流行趋势活动。

服装流行是在一定空间和时间内形成的新兴服装的穿着潮流，它不仅反映了相当数量人们的意愿和行动，还体现了整个时代的精神风貌（图2-1）。

图2-1

二、服装流行趋势预测的目的

现代服装的更新周期越来越短，服装流行化成为消费社会里成衣的一个重要特征，而当今服装流行趋势越来越显示出模糊性、多元性的特点，促使服装流行趋势预测更加重要。通过对服装流行趋势的预测，使设计师们了解下一个季节以至于本年度将会发生的流行变化以及目前的哪些事

图2-2

图2-3

件可以对将来产生重大影响。

流行趋势的预测和发布可以大大缩减成衣研发的生产成本，控制企业发展节奏，从而推动企业进一步发展（图2-2、图2-3）。

三、服装流行趋势预测灵感来源

服装流行趋势预测灵感，一般指在生活、文艺、科技等活动中瞬间产生的富有创造性的突发思维状态，无意识中突然兴起的设计灵感，以及因各种情绪或景物所引起的创作灵感。例如：① 在大自然中获取的灵感来源；② 在民族文化中获取的灵感来源；③ 其他灵感来源。

四、服装流行趋势预测的类型

1. 服装流行趋势预测划分

服装流行趋势预测是强有效的捕捉正在被开发产品的最新发展方向，是对未来美学需要的服装产品进行系统分析，是具有时间限制的，一般情况下，按流行的时间与内容划分流行预测的类型。

1）按时间划分

（1）长期预测

长期预测是指历时两年或更长时间做出的流行预测，表现在为建立一个长期的目标而做的预测，如风格、市场以及销售策略预测。

（2）短期预测

短期预测是指历时几个月到两年间所做出的流行预测，表现在为建立一个短期的目标而做的预测，如风格、市场以及销售策略预测。

2）按内容划分

按照服装流行的内容可以将流行趋势预测划分为色彩预测、纤维与面料预测、款式预测以及综合预测等。

五、 服装流行趋势预测内容

服装流行趋势预测的内容主要包括色彩、面料、款式、零售业的预测。例如，提前24个月国际色彩会议通过讨论确定色彩提案，相关企业得到信息而投入生产，半年后色彩提案公布，纤维面料展以及流行预测展开始并与服装结合推进服装设计生产。

任务实施实训内容:

流行趋势主题制定、灵感版制作

实训任务:指导收集大量灵感图,学习者分析服装设计潮流、预测流行趋势、制作主题概念方案。主题概念要定位鲜明。任务内容由一个基本概念主题延伸2个以上子主题。

模拟案例掠影(图2-4~图2-6):

主题制定:

主题概念 conception　Yuppie ——关于性别的模糊,关于时尚与个性,关于智趣和追求。

雅痞:由兴起于20世纪80年代的雅皮士风貌(yuppie look)演变而来。最早用来形容男士指的是都市中有文化、重潮流,而又反传统的一类族群。

雅痞女:"雅痞"二字概括的是她们的社交和生活方式特征"雅"代表了智趣,风流倜傥,追求时尚,赶超潮流;"痞"则指向有个性,她们在价值观或人生追求上有着标新立异之处。

图2-4

灵感来源:

Inspiration
灵感来源

The Year of The Yuppie

图2-5

子主题用意？四个目录要传达个什么信息？

　　流行趋势的主题从很大程度上体现了作者的意识形态、审美层次、品味兴趣及文化属性等等。

　　通常情况下，在服装品牌策划中，一个主题包含几个项目，这几个项目会服务于同一个大的主题，大项目下包含了细分的小项目，对应大的主题下有细分的子主题，子主题诠释和补充大主题。

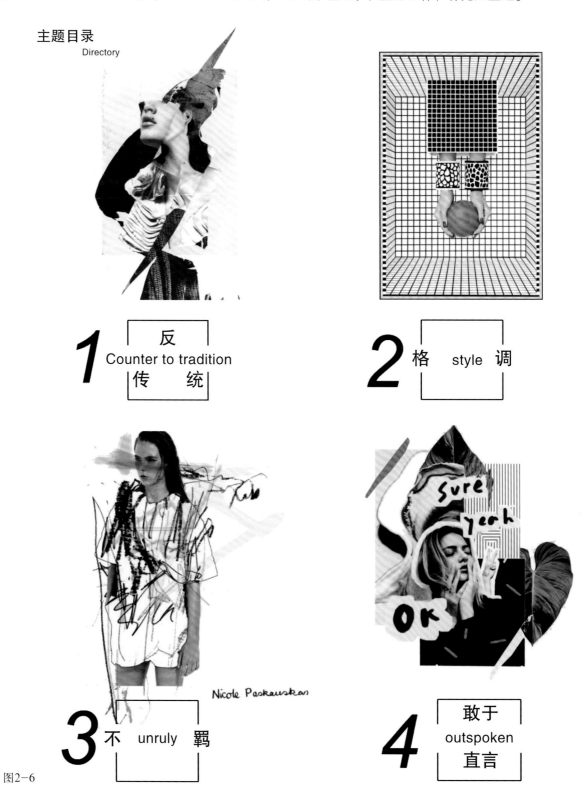

主题目录
Directory

1 反 Counter to tradition 传统

2 格 style 调

3 不 unruly 羁

4 敢于 outspoken 直言

Nicole Paskauskas

图2-6

流行趋势色彩版制作

⊙ 课时：4节

了解流行色的概念、特征、依据。

知识点回顾

流行色的特征：①入时性；②突出个人；③消费性；④周期性。

一、流行色的概念

流行色是相对常用色而言的，是指在一定社会范围内，一段时间内广泛流传的色彩。

流行色具有新颖、时髦、变化快等特点，对消费市场起着一定的主导作用（图2-7）。

二、流行色的特征

流行色是一个过程性很强的色彩现象，这个过程特征表现为：时间性、空间性、规律性。

（1）时间性

时间性是流行色的重要概念，它是呈现流行色的基础。流行色不是恒久的色彩，它具有一种动态的、暂时的、流变的属性。

（2）空间性

空间性是指流行色的地域性。地域性表明所谓的流行色不是全方位遍布，它是在特定地区内适应当前社会人群状况的色彩，流行色与地区相关背景息息相关。

图2-7

兰花盛开
Orchid bloom

PANTONE 14-3612 TPG
Orchid bloom兰花盛开

图2-8 作者：古敏仪 、唐海伦

三、流行色预测的依据

一切事物的流行都有其发生的原因，流行色的预测也不是凭空想象的，是在社会调查的基础上，依据观察者自身的专业知识与生活经验，结合以往一定的规律所做出的判断（图2-8）。

从演变规律看，流行色在发展过程中有三种趋向：延续性、突变型、周期性（图2-9~图2-12）。

（1）延续性

延续性是指流行色在一种色相的基础上在同类色范围发生明度、纯度的变化（同色系的变化）。

（2）突变性

突变性是指一种流行的色彩向它相反的色彩方向发展（对比色的变化）。

（3）周期性

周期性是指某种色彩每隔一定时间段又重新

（3）规律性

流行色的变化一般都遵循一定的规律，与所有的事物一样，其流行规律也有萌芽期、盛行期以及衰退期。

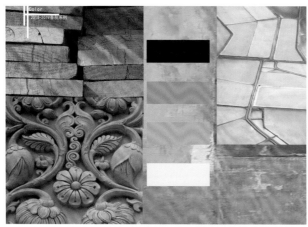

图2-9

图2-10

图2-11

图2-12

流行起来了。

四、服装流行色预测的方式

国际上对服装流行色的预测方式大致分为两类：

一类是以欧洲为代表，建立在色彩经验基础之上的直觉预测；另一类是以日韩为代表，建立在市场调研量化分析基础之上的市场统计趋势预测。

五、国际流行色预测过程

国际流行色协会每年分为春夏和秋冬两季召开会议，进行流行色确立。首先由国际流行色协会成员国的专家们选定未来24个月的流行色概念色组作为提案，会议再将协会各成员国的提案经讨论、表决、选定，得出一致公认的几组色彩为这一季的流行色。会议时间是每年的6月和12月，预测时间提前18个月。

六、服装流行色发布形式

服装流行色的发布形式包括平面静态展示和动态表演。

服装流行色的发布通常会通过服装表演、博览会、杂志等方式向公众发布。各国流行色权威机构及其他发布流行色机构的发布时间一般需要提前18个月。

平面发布通常包括主题名称、主题概念的描述、主题色卡。

任务实施实训内容：

流行趋势色彩版制作

实训任务指导：色彩在时装中的主导地位贯穿于服装设计到销售，设计师着重于色彩的强调与意境的表达。虽然有些色系每季都出现，但每一季色彩的倾向性是不同的。或灰暗、或明亮、或浑浊、或清澈、或透明、或厚重等，任务内容是如何运用本季流行色彩切入设计主题。

统计近年来季春夏发布会色彩（以蓝色为例）：

装蓝色系占比的统计，略带深沉的蓝色系在每季春夏都是重点色系，从色系厚重的深靛蓝、微微沉淀的花冠蓝、到清澈的德雷斯顿蓝，蓝色给我们一种空间感。收敛耀眼光芒的蓝色增添了几分女性的优雅和娴静。当然，更为巧妙的搭配方式，则是几股不同势力的蓝色以盟军的姿态共同展现，层次感也是跃然于眼前。

实训内容1：市场调研做色彩配比（近十年女装蓝色配比）（图2-13）

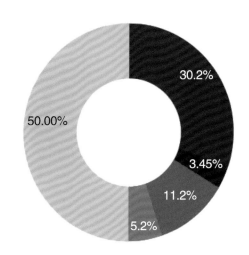

■深靛蓝 ■波塞冬 ■花冠蓝 ■德雷斯顿蓝 ■

图2-13

模拟案例掠影：

流行趋势色彩版的制作：把本季流行服装、趋势图、潘通色结合，发挥艺术美的想象力，内容不限。

流行趋势色彩版制作实例见图2-14、图2-15。

图2-14

图2-15

流行趋势服装款式版制作，流行趋势纤维、面料剪贴板制作

⊙ 课时：4节

了解服装流行趋势，进行纤维、面料、款式的流行趋势预测。

知识点回顾

面料是服装的载体，是先于服装反映流行信息的。服装面料流行趋势主要是面料色彩、肌理、纹样的流行趋势。尤其是服装发展到今天，依靠廓型、款式等方面的变化推陈出新的空间已极为有限，因此服装的创意更多体现在面料创新的发掘上。

一、纤维、面料的流行趋势预测

纤维的流行趋势预测一般提前18个月，面料的流行趋势预测一般提前12个月。

纤维、面料的流行趋势预测主要由专门的机构，结合新型材料、流行色来进行概念发布。

纤维、面料流行趋势的发布形式

在展会上纤维与面料流行趋势主要以平面画册以及各种面料小样，配合展示纤维和面料特征立体主题板等样式展示。

二、服装款式的流行趋势预测

服装款式的流行趋势预测通常提前6~12个月。预测机构掌握上一季畅销产品的典型特点和预知未来色彩、纤维、面料流行趋势的基础上，对未来6~12个月服装的整体风格、轮廓及细节等进行预测，并推出具体的服装流行主题，包括文字描述和服装实物。

服装款式流行趋势预测的发布，通常采用平面的形式、订货会实物展示以及动态的表演展示。

三、如何捕捉流行款式

服装款式中的廓型最敏感地反映着流行的特征，它是时代服装风貌的体现。服装轮廓线的变化十分明朗地反映或传递着流行信息和流行趋势。

服装款式中结构的处理，可以体现出流行的特征，流行的特征会反映在服装结构上，例如分割线的处理、袖肩的造型等都配合着服装流行的演变，跟随社会时尚而变化（图2-16~图2-18）。

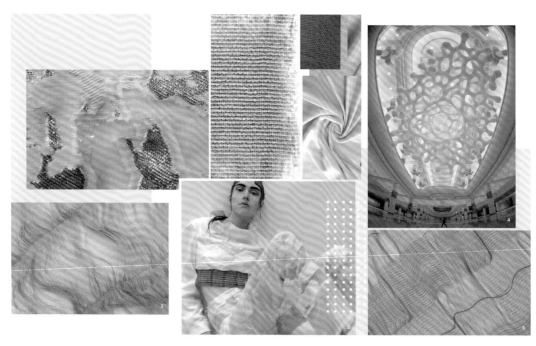

图2-16

Key element　　关键元素

腰带	修身	简洁	条纹	解构分割
Belt	sIim	Concise	Stripe	Structure segmentation

图2-17　作图：郭晓斌、陈东鹏

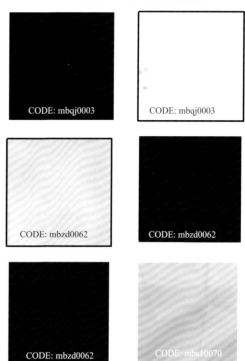

CODE: mbqj0003

CODE: mbqj0003

CODE: mbzd0062

CODE: mbzd0062

CODE: mbzd0062

CODE: mbsl0070

图2-18

任务实施实训内容：

实训三

流行趋势服装款式版制作、流行趋势面料剪贴板制作

实训任务指导：定位服装整体风格感觉，每一个流行元素中，服装款式、流行的面料都有变化，如廓型的变化、领子的尖圆、腰线的上下、面料的明暗等。

案例掠影

1. 流行趋势面料剪贴板的制作（标清楚面料产品编号等具体信息，便于调大货）

流行趋势服装款式版、面料剪贴板实例见图2-19~图2-21。

中性休闲女装　　少淑

材料一览 material　　棉质、光泽感、薄针织

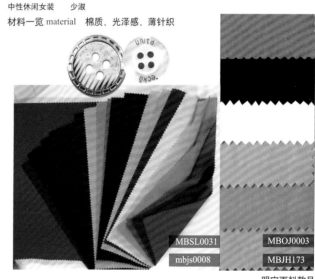

MBSL0031

mbjs0008

MBOJ0003

MBJH173

明宝面料款号

图2-19

材料一览 material 变化条格

mblzy203

mblg0023

mbsy0029

MB015944

MBLZY43

MBLZY361

MBLZY361

mblg0034

mblg0023

明宝面料款号　　　　　图2-20

中性休闲女装　/　格调

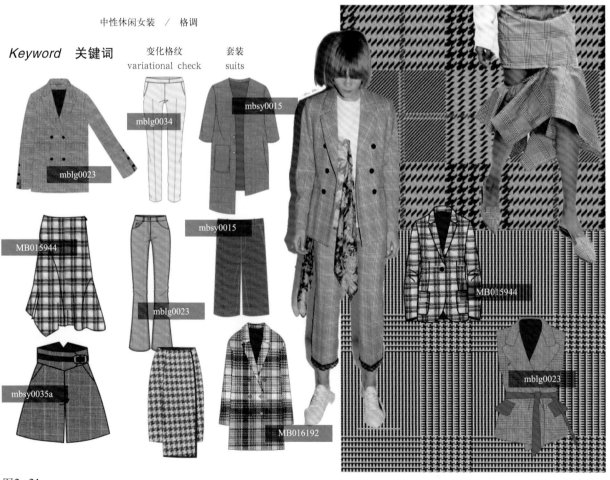

Keyword 关键词　　变化格纹　　套装
variational check　suits

mblg0034

mbsy0015

mblg0023

mbsy0015

MB015944

mblg0023

MB015944

mbsy0035a

MB016192

mblg0023

图2-21

根据流行趋势进行系列服装设计

⊙ 课时：4节

知识点回顾

流行趋势预测遵循着流行色—纤维—面料—成衣—销售这样一个循序渐进的过程。

图2-21　作图：徐琪

流行趋势预测与系列服装设计

如何捕捉到最新的流行趋势？

社会上流行什么？偶像穿什么？高街品牌设计什么？

每年，时尚人士都在追逐潮流，作为设计师更要事先把握流行趋势的脉搏，设计出本品牌符合流行趋势的系列服装。

下例为童装品牌与流行趋势结合范例。

童装系列设计与中国文化相结合（社会因素）

① 系列设计主题制定必须与流行趋势相结合，设计师通过敏锐的洞察力找到最新的流行元素是设计的价值，这个设计点可以是一个结构、一个细节、一种面料或者一种图案等，只要它具有吸引人的潜力，就可以成为一个系列的设计点，流行趋势到系列设计，包括从封面制作—主题思想阐述—灵感来源—流行色—流行廓型款式—面料—成品—制版，模拟企业整体实训全过程。设计中需先搜集流行趋势资料，从而拓展思维和创作出服装系列。

图2-22

童装系列设计与中国文化相结合（社会因素）

图2-22为系列表现方法效果图，图2-23为系列表现方法款式图。

图2-22

图2-23

② 童装系列设计的过程：搜集流行资讯素材—提取元素—发散思维—整合灵感—创意表现（图2-24、图2-25）。

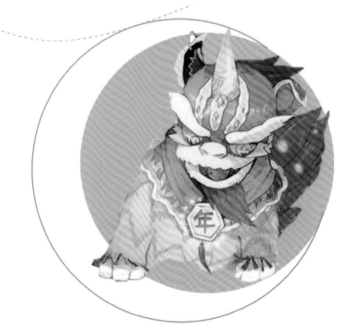

图2-24

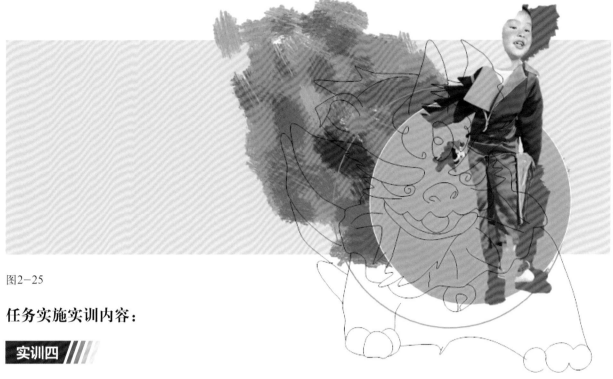

图2-25

任务实施实训内容：

实训四

制作流行趋势企划案，设计系列服装

分析本季女装流行趋势，模拟预测新一季服装的流行趋势、新一季服装款式及色彩主题，制作流行趋势企划案，并设计系列服装。

案例掠影：

学生作品完整企划。

强兴纺织

缤纷春游
Summer day

And

girl

疫情肆散之后，人们想到最好的放松时刻，
是躲在房间里，还是来一场久违的春游。

关于在旅行中的心情，关于旅行中的穿搭，关于旅行中的意义

无法想象我们可以禁锢自己好几年之久，而无法外出，
这里不是说地铁上，或者写字楼里

这次风波之后，去草地上，野餐拍照。
这次危难之后，去沙滩上，沐浴阳光。
去登山，去自驾，去游泳。
去旅行。

千年返潮

新式Y2K
清晰，青春，热情，

强兴纺织

风格方向

最近又被大家挖出来的风格，在时尚圈又被火了一把，
似曾相识，又是新势力，这股热潮将会接二连三持续下去，
如今风格被点缀化，既有00年代的青春风尚，又有如今的新潮流。
就在现在，它既不属于之前也不属于未来，就是属于现在这一刻。

NO/2

强兴纺织
数码复古
Digital/Digital
Retro **Retro**
风格方向

在这个时代大更替时期，
我们保留着过去十年二十年的点点滴滴。
在迈入新纪元的初头，
人们没有百分百抛弃过去，
正是两者的结合，在未来这十年里，
数字世界不断的冲击，过去的事物藕断丝连。

0100010110011010111001100010101

电子灵感 强兴纺织

仿造人可以梦见电子羊
可以被植入电子灵感，但是肉体之躯的我们
失去了自己的想法，即便是我们自己的灵感
在电子世界里，我们的想法到底是不是自己的

ELECTRONICALLY INSPIRED
风格方向

NO/5

朱红

Key color
关键色

Pantone
HEX #DC4E45
RGB 220 78 69

强兴纺织
vermilion

关联色

Pantone
HEX #11 E22
RGB 129 30 34

我们想到危险时，或者想到感性时。
这是个超现实的颜色。
充满着刺激、欲望和激情，
强有力的吸引感，
是危险的，也是性感的，
也具有数字吸引力。

超强醒目的视觉冲击感，最具冲撞力的颜色。
这个生气勃勃的春天里需要一个能制造爆炸的角色。
显然黄色每次都做得很成功，无论是主打色还是点缀色，
两者都能游刃有余地分配。

Key color
关键色
奶酪黄

Pantone
HEX #FED95C
RGB254 217 92

关联色

Pantone
HEX #FAC621
RGB 250 198 33

Yellow attack

强兴纺织

关联色

Pantone
HEX #DAA400
RGB218 164 0

Key color
关键色

梦游绿 Green

Pantone
HEX #0C8A84
RGB 12 138 132

如果要挑一个跟夏天最般配的颜色，
那一定是绿色，各种绿色。

这个以往一直被国人诟病的颜色，
如今迎来了它的回春之梦。

既有复古的悠闲，又有新纪元的突兀。

强兴纺织

9518#
高弹斜纹
幅宽：150cm
成分：100%高弹斜纹
克重185g/m

8058#
高弹哔叽
幅宽：150cm
成分：77%T 16%R
克重：245g/m

关联色

Pantone
HEX #93C3BD
RGB 147 195 189

关联色

Pantone
HEX #8DB37A
RGB 141 179 122

Green
-- Dream

数码薰衣草
Digital Lavender
2022--2023

Key color
关键色

Pantone
HEX #C2B6DC
RGB 194 182 220

关联色

Pantone
HEX #786485
RGB 120 100 133

Purple rain
紫雨   强兴纺织

9339#
菠萝麻
幅宽：150cm
成分：100%涤纶
克重：170g/m

9577#
涤氨弹力
幅宽：150cm
成分：100%涤氨 94 SP
克重：200g/m

元宇宙和电子数字的袭来，很显然，
我们无法忽视这么一位重要的角色，
现在紫色系列已经占据了半壁江山。

这次紫色没有之前那般具有攻击性，
相反，它很柔和，也很安静。
这是我们搭配里的一个不错选择，
对单品的配对包容度也很大。

我们这些面料非常适合夏款。
其主要光滑亲肤，冰凉透气，
在造型上也有一定的可塑性，
轻薄有弹性，配色选择多样。

仿醋酸缎
幅宽： 150cm
成分： 100%聚酯纤维
克重： 200g/m

丽姿麻
幅宽： 150cm
成分： 100%T

Prada
普拉达在这两年对服装简洁上有所追求，
优美的廓形，完美的色彩搭配，
既有复古的元素，也有前卫的时尚血液。

青春活力的外表，热衷四放的款式，
还有活跃流畅的Marc Jacobs，
来自美国的代表性品牌，
青春派的代表性品牌。

宽松阔大而灵动感的造型，
再从甜美优雅出发，
结合马克·雅可布的设计元素，

Marc Jacobs

MIU MIU 新式搭配大爆炸，
每一个时代都有一些不被大众接受的穿搭，
也许这大爆炸MIU MIU，
也许这大爆炸MIU MIU。

简约流畅造型 颇有夏日气氛的宽松版式
蓬松 舒适 混搭 新式穿搭
颜色调和

The simple and smooth loose shape.
Is a must-have style for summer days.
Don't refuse.

H

FAHION FASHION FASHION FASHION FASHION FASHION FASHION FASHION FASHION

更为中性 更为女性
无分性别 无分款式
宽阔廓形

What could be more pleasurable than a versatile piece?
Or a new look you haven't seen before

AH

FAHION FASHION FASHION FASHION FASHION FASHION FASHION FASHION FASHION

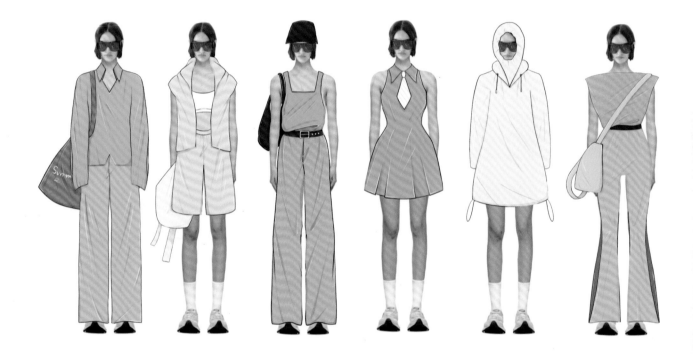

On a colorful summer trip,
don't let clothes become a nuisance.
Let it start with a happy start.

系列效果图 01版

强兴纺织
Qiang xing'

春夏季 面料策划

Colorful summer
Travel look

END

强兴纺织

任务评价

学习领域						
学习情境						
任务名称				任务完成时间		
评价项目	评价内容			标准分值	实得分	扣分原因
任务分解完成评价	任务实施能力评价	企业SWOT评价体系	优势	10		
			劣势	10		
			机会	10		
			挑战	10		
		任务操作程序合理规范		10		
		设计创新		10		
		技艺表现		10		
	任务实施态度评价	任务完成数量		10		
		纪律与学习态度		10		
		团结合作与敬业精神		10		
评价结论	班级		姓名		学号		组别		合计分数	
	评语						
	评价等级		企业评价人签字		教师评价人签字		评价日期		

知识测试：

1. 服装的流行元素包括哪些?

2. 什么是流行和流行趋势预测?

3. 为什么要进行服装流行趋势预测?

4. 流行的特征是什么?

5. 女装流行趋势预测的内容有哪些?

任务 3

面料再造设计
（20节）

项目描述：

　　面料再造又称为面料的二次设计，是指根据设计需要对成品面料进行再次工艺处理，使之产生新的艺术效果。它是设计师设计思想的延伸，除造型结构之外，为服装设计增加无可比拟的创新亮点。

项目目标：

　　1.了解服装面料再造的概念和目的。

　　2.通过观察图片了解面料再造的常用手法。

　　3.让学生通过实训掌握面料再造创意表达。

　　4.使学生探索更具原创性的面料再造。

　　任务内容：衔接、延展、落实流行趋势分析的内容，在产品结构款式系列完善之前，对面料再造进行深度的探索原创性的可能。分为以下三个级段：① 旧物造；② 大师造；③ 创意造。

情景导入：

　　从行业发展的角度来说，单纯从造型结构上寻求突破和创新早已力不从心。众所周知，服装设计一直被称为"没有真正的原创"。尤其在成衣界，无论外在的造型、内在的结构或者是零部件的设计，无不是在服装原型的基础上演变而来的，这就难免让人产生"千篇一律"的感觉。在这样的前提下，服装材料的开发和创新变得越来越重要。设计师们为了表达自我，体现原创的设计感，就必然走上了面料改造的思路。面料改造体现设计师的原创力和动手能力，作为设计创意的核心环节渗入整体策划案中。

必备知识：

　　面料作为服装设计的三要素之一，面料改造是一项创意性极强的设计方向。应该具备以下三方面的知识储备和意识：

　　首先，要有"服装材料与应用"的知识基础：了解服装面料的品类，能区分机织物、针织物、非织造布的组织结构特征；知道天然纤维与化纤纤维的区别与特征；对面料生产加工方式及供应地区也要有一定的了解等。这些服装面料的专业知识的储备才能保证再造的实施的可能性。

　　其次，面料再造实施中的创意部分还需要一定的艺术修养来支撑的。比如：通过一些技法让面料在视觉、触觉对人的感官产生独特的感受，比如扎染，水洗等就是常见的例子；但如果通过感官感受产生心理的共鸣，比如将梵高的画的色彩变化运用到面料上，就需要对除了服装之外的艺术门类，比如建筑、绘画、音乐、电影等方面流行发展趋势应该有所认识和了解。这个能力可以从上一个项目任务流行趋势分析的教学中得到综合的启发。

　　最后，面料改造还需要具有社会责任感，比如：对环境资源的保护意识、对传统工艺的传承意识、对未来科技的创新意识等，在这些理念下的面料改造才是符合市场发展需求的产品。

旧物造

对生活的深入挖掘和理解是旧物造的原动力，从有价值的事物中汲取设计创意灵感，塑造独立的创意思维，培养个人修养及社会责任感，实现设计服务于社会这一宗旨。

知识点回顾

面料的基础知识点：①纤维的概念和分类。②面料的生产过程。③织物的组织结构。

一、旧物造是一种社会责任

随着时代的变迁，在人类改造自然、改造世界的梦想下，日益过剩的产能却给环境造成了负担。面对生态资源的问题，艺术设计领域也作出以环保、持续和安全等发展性为主题的设计回应。旧物造设计正是顺应了这一潮流，在生活中发掘有价值的旧材料进行二次创造设计，主张通过设计手段来改造、更新和再利用旧物品。

二、旧物造是一种简朴美学

旧物造是由过去解决物质匮乏的问题，演变而成的一种简朴的生活美学。在我国明代，有一种特有的女装款式——"水田衣"，它是由各色零碎锦料拼合缝制成的服装，整件服装色彩互相交错形似水田效果因而得名，其是当代绗缝和拼贴面料再造工艺的原型。水田衣又名百家衣、百衲衣，代表了物质匮乏时代的一种简朴的生活方式。在物资缺乏的时代，许多普通平民百姓只能穿着层层粗硬的麻布御寒，当工作用的衣服、毛毯、棉鞋和布衣破了，只能非常节省地使用小幅布料仔细地衲缝在衣物之上，当时人们对于任何物质都是十分珍惜的。因此衣物破了、旧了时，妇女会用一种特殊的拼布手法去处理，以一种难以替代的温暖、密集的线迹、多行的缝线、不同布料、不同厚度的拼贴糅合出一种生活素朴美学。图3-1~图3-3为面料再造学生作品。

面料特征

本季的面料于次设计灵感来源于匠者工作时留下的痕迹。运用天然材质的棉麻进行锈染加线迹、挺括牛仔磨破磨烂、防水材质的褶皱来体现时光的累积和岁月的痕迹。

学生作品：叶苗苗

图3-1

图3-2

学生作品：蓝梓佳

图3-3

学生作业：叶苗苗

三、旧物造是一种设计形式

做旧是设计师常用的一种意境表达手法。材料因时间流逝和空间转移都会留下特殊的痕迹，比如洗白，磨损，缝补、堆叠等，这些痕迹让作品产生记忆的温度。而做旧的手法是设计师对时间和空间的穿越表达。有些设计作品版型初成时，对时间或对空间有温差感，似乎仍未完成。比如一件旗袍，如果没有面料特色支撑，它似乎就是一件立领贴身连衣裙而已，只有配上有特色的面料就会让你体会到民国时期上海滩的风格。又或

者一匹深蓝色斜纹棉质材料未经过水洗打磨，你未必知道它就是牛仔布，经过做旧面料处理，甚至可以感受到工作室里一位手作者经年累月的匠心情怀，这就是做面料改造的情怀。

任务实施实训内容：

旧物改造

实训任务指导：收集各种旧物改造的案例，分析其改造手法与特色，结合流行趋势分析的训练，对自己的一件闲置衣物进行改造。

案例掠影：

学生对闲置衣服改造的
作业（图3-4）。

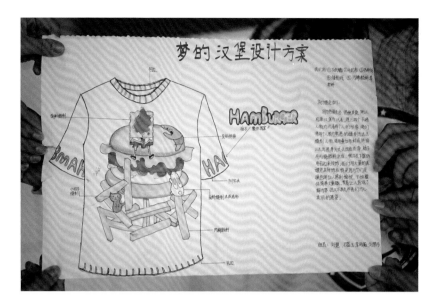

图3-4

大师造

⊙ 课时：4节

面料改造是大师们的拿手好戏。在日常购买中，你以为是自己选择了一件作品，但实际上是设计师运用了一些技巧取悦你、引导你，面料改造就是关键技巧之一。

知识点回顾

①旧物造是一种社会责任；②旧物造是一种简朴美学；③旧物造是一种设计形式。

一、大师们的经典作品都是面料改造的"教科书"

每一季的高级定制时装周都有很多精彩绝伦的面料改造手法值得我们学习和研究。事实上面料再造大部分都不是单一的某种手法，而是多种技法的复合，同时结合当下的技术改良从而形成新的面料表达。优秀的服装设计师擅长把看不见、摸不到的"情感"通过面料改造的方式具体地表现出来，帮助你直观地感受到其独特的设计，同时高超的手作能力从侧面告诉你："这就是独一无二，这就是你想要的"。面料再造的手法是多种多样的，归纳和整理的角度也是灵活的图3-5、图3-6为大师们的面料改造作品。社会发展、科技进步，人们对服装面料的需求从满足覆盖保暖，到体现身份职能，再到代表个性品味等不断地叠加，我们尝试从四个层面揣摩设计大师对面料改造的思路：

图3-5

图3-6

1. 面料的减型

减型是指在成品面料基础上进行消减处理。这种技法最初是源于人对面料使用过程中无意识的损耗形成的痕迹，比如洗得发白的粗麻衣、脱纱的裙子等，其上承载了某个时代的特殊记忆及情感。20世纪60-70年代起，一批风格前卫的设计师，如薇薇安·韦斯特伍德、川久保玲等，他们故意将面料撕扯出破洞，他们采用镂空、烧花、抽丝、剪切、打磨等破坏原组织结构的工艺手段，来实现时间沉淀或空间转变在面料上的虚实错落的效果，抛弃了裁剪缝制构成的严谨（图3-7、图3-8）。

图3-7

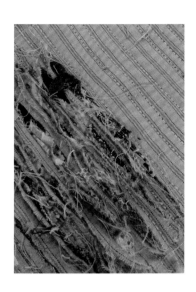

图3-8

2. 面料的增型

增型是指在成品面料基础上的叠加处理，这种改造大部分源自对服装赋予更多功能下的主动行为。比如让衣服使用起来更结实的绗缝、体现精致奢华的刺绣、或者饱含祝福意蕴的百家衣等，设计师们用一种或多种材料进行黏合、热压、绗缝、补、挂、揽、绣等叠加式的工艺手法，形成各种肌理和浮雕的效果，使面料在改造后更具有意义和价值感（图3-9）。但在面料再造实际操作时，增型与减型的手法很少单独使用，大部分都是组合使用的。

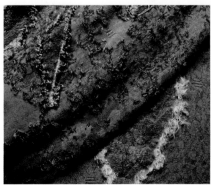

图3-9

3. 面料的解构

解构是指从纤维的角度出发，再造思路不止于简单加减手法，回归纺织初始纤维的概念，打散现有面料的解构，从纤维、从纱线着手改造，再运用钩织、编结等工艺手法，将旧组织的痕迹在新结构上形成独特交错对比的混合效果，这种再造思路使设计师像建筑师一样从组织结构上创新面料。值得一提的是，目前这种面料再造思路在横机、大圆机、针织毛织行业得到广泛的推广使用（图3-10）。

图3-10

4. 面料的染色

染色是指在成品面料基础上再进行印染处理。面料色彩最初是来自织物本身，色彩的变化是面料改造中最直观的方法，但也是质量最难把控的环节。随着染色技术的发展，对天然色的稳定萃取、化工染剂的日益迭代使得色牢度和手感不断得到更好的解决，颜色可以主动附着于不同服装面料。因此，设计师利用扎染、蜡染、印染、手绘、数码喷绘，甚至利用光和温度等各种技术手段，对面料色彩进行再造，使得面料设计在视觉及手感等方面不断创新变化（图3-11）。

图3-11

二、设计师品牌经典单品长青的秘密

每个成熟稳定的设计师品牌都会有自己的经典单品。这些经典成就品牌的灵魂，是品牌产品族里德高望重的长者，而面料再造是输入经典的新鲜血液，像灵丹妙药使这类经典单品容颜不减，甚至长生不老，形成市场黏度让顾客一季又一季的追随，甚至一代一代的传承。面料再造可以让同一个款式里，发生截然不同的视觉和手感的变化，延续着设计师的品牌理念。

案例一：香奈儿的经典女士套装

1924年，在苏格兰旅行期间嘉柏丽尔.香奈儿发现了斜纹软呢，这种传统上多为男士采用的面料给了她设计灵感，由此创作出香奈儿标志性的女士套装，尤其二战结束，香奈儿重返高级女装界后，香奈儿的女士套装在面料等细节上独具创意掀起第二次时装革命，至今成为时装界女人的珍品，俗称"小香装"。它的价值不在于标在它身上的价格，而在于这款经典外套上所代表的概念，蕴含设计师对女性独立"自主"解放的启示，是留给时装界的一份礼物。"小香装"斜纹软呢套装自推出以来，风雨不改的像坐标一样出现在每一季的发布会上。如图3-15、图3-16所示是2012年香奈儿推出The little black jacket摄影展上，历年穿这类产品的明星名人的照片，它不仅跨越年龄甚至跨越性别的得到顾客的追捧。这是历史对设计师作品的一种最高的评价。不断在面料上探索是设计师让自己的作品长青不老的灵丹妙药，而这个秘密武器似乎不言而喻，又似乎众所周知。

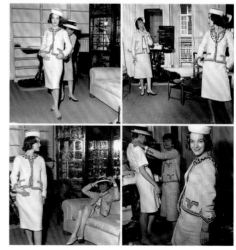

图3-15

图3-16

案例二：迪奥的花苞裙

  讲到经典单品不得不提迪奥的花苞裙。1947年迪奥的首发系列"新风貌"以怀旧X造型，用现代的裁剪手法和面料，其优雅的身影又犹如午睡后花园里阳光下绽放的花朵般，让世人们回忆起战前的繁荣富足的美好，同时也表达了社会对女性的地位从独立解放上升到社会尊重的美好期待。自此，一代又一代的设计师将"新风貌"X造型结合各种面料改造手法，延续着尊重与呵护女性的绅士精神，创造了二战后的时装传奇并延续至今（图3-17、图3-18）。

图3-17

图3-18

案例三：三宅一生的"褶"学世界

三宅一生被誉为是服装界的哲学家，自1971年首个系列"ISSEY MIYAKE"推出，他始终专注于"一块布成衣"的制衣理念，追求"身体，与包裹着它的面料，以及两者之间的和谐关系"的核心设计风格，其从一根丝线的研发开始设计创新面料，将传统科技与现代尖端科技结合进面料设计中。

1989年他首次推出了皱褶产品，该产品采用一种特殊的工艺加工，赋予服装一种浑然天成的皱褶效果，1994春夏正式作为"PLEATS PLEASE ISSEY MIYAKE"独立系列推出，该设计注重穿着的实用性——轻盈防皱，无需干洗，可以随意折叠收纳，便于储存和携带，目前皱褶元素服装已然在现代女

图3-20

性的日常生活中占据重要的地位（图3-19）。

他依托创新理念与生产工艺，用菱格片排列出的无限百搭的手袋于2000年面世。该设计利用三角形结构的特点，采用菱格片将二维平面变换为三维立体空间的全新形式，将美丽、趣味与惊喜带给使用者，同时也考量实用性，该手袋可适用于日常生活中的任何场合（图3-20）。

图3-19

無用 wu yong

用 無真味

無用 wu yong 民藝社

案例四：马可的无用衣道

马可，从创办设计师品牌"例外"到具有公益性质的"无用"生活空间，回归朴实的土地文化，帮扶民间传统的手工艺，她认为："手工完全是人类情感、时光和岁月的载体，它把所有这些东西，全部融在了一针一线里。"向世人倡导：用更好更少的东西，过更有意义的生活。

同时，她是导演贾樟柯纪录片《无用》的女主角。以她参加2007年巴黎秋冬时装周为中心事件，讲述了她把服装埋进土中，让时间与大地一起完成最后的面料再造。马可对衣道的独特领悟，同时与中国基础的土地文化建立了真切的联系。这组作品是浮华世界的反相，引起了国际时装界与艺术界的广泛关注。同年，《无用》获威尼斯电影节纪录片的最高奖项。

案例五：郭培的奇幻高定

郭培，作为新中国第一代服装设计师之一，见证中国时尚从无到有，她的服装面料上保留着大量中国文化元素，比如龙凤、云纹、花朵、仙鹤等都经常出现在其中。她的设计努力把中国传统工艺的精髓融入现代创新，给传统刺绣和绘画注入新的活力。她说："刺绣是我最擅长的、最能表达我思想境界和创作灵魂的技法。"凭借出神入化的精湛的工艺、奢华的刺绣以及富有想象力的服装制作技巧，把中国艺术与传统延续，融合来自欧洲和亚洲的艺术传统，模糊了艺术和时尚之间的界限。因此，她成为法国高级定制时装协会成立158年以来，第一位正式受邀并列入官方日程的亚洲设计师，向时尚界展示了中国高定的力量。

任务实施实训内容：

向大师致敬

模仿是学习的一种方式，也是一个再创作的过程

通过对大师们经典设计的面料改造案例的学习后，将进入知识点的巩固，复制大师的面料再造技法也是进入真正创作前的必修环节。模仿是学习的一种方式，也是一个再创作的过程，通过复制揣摩大师们的改造思路、技法运用，近距离的接触顶级的面料改造思维。

实训任务指导：引导、组织学生分组合作，在列举的设计大师名单内，找出一个自己团队喜爱的设计师及其经典单品，分析其中的面料再造技法，同时根据学生的实际操作能力，制定局部或整件的具体执行方案，进行复制模仿。

模拟案例掠影：

学生"大师造"作业（图3-21~图3-23）：

模仿"亚历山大·麦昆（Alexander McQueen）2012春夏季 莎拉·伯顿（Sarah Burton）设计的作品

图3-21

学生完成"大师造"作业的照片记录

图3-22

图3-23

未来造

⊙ 课时：4节

面料改造是设计师的时空隧道，可以表达过去，更需要展望未来。

随着人类文明的不断发展，人们改造自然的能力不断升级，但同时对资源和环境的破坏也加剧。目前需要设计师具有对社会的设计责任感的面料改造理念，了解社会生活，深入历史研究，调研市场等，从材料多样性，多元设计手法，实用功能等多角度，最大限度地发掘有价值的服装面料再次创造运用。符合未来需要的面料改造是以环保、持续、安全等发展性的设计手段结合科技、结合艺术审美来进行面料创新，面料艺术再造不仅符合服装时尚发展的要求，同时也是设计观念转变的体现。对于设计师而言，面料再造让设计师有了更广阔的创造空间。

知识点回顾

大师造：①大师经典之作都是面料再造的"教科书"；②设计师品牌经典单品长青的秘密。

一、材料的多样性

随着时代的发展，科技的不断创新，相应的服装产业也正呈快速发展的势态，设计创作理念也不断推陈出新。面料作为服装的重要元素，诠释着服装的风格与特性。面料不再局限单一的材质，设计师已将服装搭配里常用的混搭概念植入面料再造的理念里，用多种材质的混合搭配共同展现服装独特的风格。面料材质的混搭大致分三个方向：① 厚薄不同的面料搭配；② 新型化纤面料与传统天然面料的搭配；③ 服装面料和非服装面料的搭配。

二、多元化的工艺设计

前面介绍的面料再造的思路并不是单独存在的，应该根据服装设计表达的需求混合运用，并在一定程度上将面料设计与服装设计融为一体。

当前，各种面料的处理手法和各种工艺形式层出不穷，服装面料的组合和再创造逐渐成为服装设计又一次新的突破口，并成为提高服装产品附加值的一个重要手段。因此基于概念艺术思维，以及在更宽广的语境中进行深层次的思考和探索，并将其运用在面料设计，随着对细节的关注和对传统纺织工艺的挖掘，可以不断地尝试各式物质性和结构性的纺织品实验，尝试改变服装的材质、结构、体积、主题和颜色来探索工艺表达，超越人们对于服装的定义。

三、有责任感的实用功能

面料再造的实用性和功能性是面临发展的根本。快时尚概念的兴起，让服装界陷入全球产能过剩，一边是堆积如山的滞销品，一边又是日益扩张的全球消费需求。为避免盲目的设计开发与生产，设计师们除了表现风格之外，更应该关注面料创新中的实用性、功能性。比如开发除臭、促进人体微循环等功能的各类面料；开发具有防水、防污、防液体、透气/湿、等功能的层压复合织物新型纺织品；开发会呼吸、阻燃、超泼水性、中空保暖、高透湿/气、防静电/尘等系列产品。对传统产品真丝绸进行的防皱抗缩工艺，保持了真丝绸的良好手感、光泽、透气性和悬垂性等优良的服用性能等。

任务实施实训内容：

实训三 ///

创意造

综合前面所述内容得知：面料再造的焦点将主要集中在三点：① 材料的多元化的混合运用；② 各种技法的叠加组合用运用；③ 有责任感的实用主义意识。在这个基础上我们要回到面

料再造的初心：不断创新的原创精神。历史留给世人很多宝贵的资源都是我们创意的灵感来源，比如梵高的《星空》或莫奈的《睡莲》等有着完美的意境、色彩关系等，值得世人学习、研究、追随。灵感结合对本章内容的学习所得的再造理念及技法，用面料代替颜料，用材质组合代替色彩变化，用再造技法代替绘画技法，进行独特的服装创意表达。

实训任务指导.

组织学生在莫奈的《睡莲》或梵高的《星空》两者中选其一，引导学生尝试收集此画的时代背景、绘画技法、色彩关系等相关专业信息，去理解作者要表达的创作意境。同时结合自身掌握的面料知识以及面料再造的各种表现技法，根据学生的实际操作能力，制定面料再造的创意表达，并进行服装系列设计。

具体要求：

用5至8种材料混合表达；
杜绝用画笔画或喷绘作品内容；
避免发生脱落、脱色等不牢固情况；
建议采用多元化的服装工艺表达方式，
男女装不限。

学生作品：叶苗苗

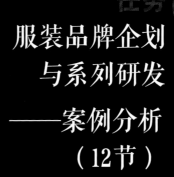

任务 **4**

服装品牌企划
与系列研发
——案例分析
（12节）

任务描述：

　　服装市场的竞争日益激烈，品牌不仅仅是商品的标志和名称，它还能够产生产品附加值，为服装企业带来额外的利润。提升品牌策略，增强品牌综合竞争力，是企业完善自己的必经途径。服装品牌每一季度的产品企划影响着品牌来年的策略。

　　通过本项目任务学习如何了解服装品牌定位，把握服装品牌产品风格的方法。本任务采用团队合作模式，小组共同完成女装品牌一季度的产品开发企划案，设计出具有品牌风格的服装和配饰产品。通过实训与案例分析，培养主动思考、自主学习的探究能力，增强自我表现能力，养成责任感和团队协作精神。以产品研发为导向，培养全方位的设计人才。

任务目标：

　　1. 根据目前服装企业对设计师的要求，综合运用前面所学知识，针对性地模拟企业产品研发全过程。

　　2. 具备完成企划方案的能力，能完成系列产品研发设计。

　　3. 具有良好的设计师职业道德及沟通、交流和团队合作能力。具有良好的工作作风、强烈的事业心和责任感。

任务内容：

　　与企业衔接、校企合作将企业具体项目融入到教学实践当中，综合运用前三章所学知识，完成春夏（秋冬）服装品牌一季度的产品开发企划案。内容包含：① 品牌介绍版制作；② 品牌定位分析版制作；③ 品牌新一季度产品企划案（品牌定位分析版、市场调研版、面料采集版、流行趋势主题版设计制作、主题风格效果图绘制、款式图的设计及绘制）。

情景导入：

　　设计师在设计作品之前需要深入地调查了解，做好市场调研，了解自身品牌的现状，了解对手品牌的实情，确定品牌市场地位，制定长远发展战略。对调查所收获的产品信息进行分析总结，提取具有价值的信息，为产品定位做好准备。

　　产品设计开发需要对品牌自身数据作检测，对行业品牌母体进行的全方面的分析，系统的观察和分析行业趋势，了解品牌竞争格局。

知识要素：

　　服装新产品开发是针对特定的市场消费群体，按计划进行设计生产，最终提供所需产品的过程。新产品开发的本质是以消费者为原点所进行的商品策划，其中包括目标市场研究与细分、流行趋势与设计风格的确定、产品开发和营销组合策划等内容。整个过程都是围绕产品来展开，好的产品开发能使一组产品的附加值达到最大化。随着现代服装产业的发展，新产品开发已成为产业链中的核心内容，新产品开发部门也成为企业的利润中心，它所负责的各条产品线的开发与推广为企业提供了主要收入来源。此外，品牌服装的新产品开发还有兼顾延续推广品牌文化、提升品牌形象的责任。

　　我国服装企业长期以来偏重设计，轻视企划的局面虽然近年来有所转变，但是产品开发模式依然比较单一，大部分企业还是由首席设计师或设计部经理带领进行设计与开发，部门间的配合多停留在表层，无法深入，致使产品开发力度不够，面对强劲对手时产品缺乏竞争力，所以拟定品牌产品开发企划案重要。

服装品牌产品开发企划案

1. 了解服装品牌并与竞争品牌进行对比分析；
2. 服装品牌产品设计开发企划。

知识点回顾

品牌是具有经济价值的无形资产，在长期的品牌建设中，这种无形的价值存在于人们的意识当中，形成占据一定位置的综合反映。服装企业的利润最根本是需要从品牌上获取30%以上的附加值，而不单单是10% ~ 15%的生产加工费。

一、服装品牌的相关概念

品牌内容承载着包括：品牌理念、品牌风格、产品结构、消费者特征及终端形象等（图4-1、图4-2）。

1. 品牌理念

品牌理念是指能够吸引消费者并且建立品牌忠诚度，进而为客户创造品牌（与市场）优势地位的观念。品牌理念是整个品牌从企划到运作历程中的行动指南，它是渗透到品牌的各个方面的品牌经营思想。

2. 品牌风格

品牌风格是指目标品牌在品牌本体因素和环境因素的双重影响下，在目标品牌主题的约束下，通过品牌设计对品牌的核心价值、个性与特质做出的美学表达方式。品牌风格体现在全部产品的总体面貌当中，从实质上必须满足不同的特定消费对象内在的心理感觉和诉求。因此服装品牌只有塑造符合消费者需求的独到风格才能成为服装商品的主要卖点，它是品牌差异化、特色化经营的重要表现。

3. 品牌产品结构

品牌产品结构是指产品品类结构，产品结构是以目标消费群体需求为导向，结合企业品牌定位和企业自身的能力，确定所要生产产品的价格档、所用的面料种类、推向市场的批次、核心结构、款数分布等。服装品牌的产品结构受季度、气候、主要销售区域、上一季度销售数据、流行趋势、消费群体等因素制约，并随着这些因素的变化而变化（图4-3）。

图4-1

In the collocation of dress, inside can wear common body skirt, simple boots, brown simple purse, necklace ring earring can use rose gold, the sunglasses can choose the same color system. Try a holistic vision with a sense of maturity.

图4-2

上新数量

品类	无色印象	海岸小镇	游吟农场	好好穿衣	总计
针织衫	12	8	8	9	37
衬衫	10	8	8	9	35
半身裙	9	8	9	9	35
连衣裙	10	8	8	10	36
卫衣	11	12	12	10	45
西装	8	8	8	9	33
裤装	10	12	9	9	40
短款毛衣	11	12	12	9	44
长款毛衣	8	9	9	6	32
外套	8	12	13	9	41
大衣	8	8	12	6	34
羽绒服	3	3	3	3	12
总计(款)	108	108	111	98	424

品类价格

品类	价格(元)
针织衫	109~199
衬衫	99~189
半身裙	105~199
连衣裙	119~229
卫衣	99~239
西装	299~499
裤装	99~299
短款毛衣	99~299
长款毛衣	199~379
外套	119~419
大衣	319~990
风衣	399~899
羽绒服	499~1599

图4-3

4. 品牌消费者特征

品牌消费者特征指的是品牌大部分消费者的共性。每一个品牌背后都会有许多共性的东西，消费群体也是有共性的，可以从消费群体的特征入手去了解一个品牌。品牌理念、品牌风格、产品结构与价格定位都会直接影响消费者群体的特征。

5. 品牌终端形象

品牌终端形象——门店，是品牌与顾客零距离的触点，是品牌吸引的直接体现，其形象演绎着品牌设计的原创故事或意念。终端形象的品味，也直接反映着品牌自身的风格与定位。企业在确定终端形象时，需考虑到产品及公司的发展战略，这是新品上市和长期品牌建设策略之间的共性与异性（图4-4、图4-5）。

二、与竞争品牌的对比分析

拥有同类或相类似消费者群体竞争销售同类的产品的两个或以上品牌，互相为竞争品牌，也称为对手品牌。

产品设计开发既要了解自身品牌的现状，也要了解对手品牌的实情，确立品牌市场地位，制定长远发展战略。在了解了品牌自身状况以后，对品牌自身数据作检测，对品牌母体进行全方面的分析，从品牌竞争市场中的竞争对手相比较，系统的观察和分析行业趋势、了解品牌竞争格局。从品牌理念、品牌风格、产品结构、消费者特征及终端形象等各方面进行对比，分析优劣势，取长补短制定调整方案，为新一季产品开发制定方向（表4-1）。

图4-4

图4-5

表4-1

	C品牌	A品牌（对比品牌）	B品牌（对比品牌）
风格	品质潮牌	嘻哈街头（亲子）	街头潮牌
产品类别	T恤、卫衣帽衫、鞋、帽子、腰带、项链、滑板、火机、手表、唱片等	T恤、卫衣帽衫、童装、鞋、帽子、腰带	T恤、卫衣帽衫、帽子、腰带
产品特点	注重街头元素，打造嘻哈风格，产品线非常丰富，售卖与街头、嘻哈等相应产品	亲子、卡通、迷彩、炫色是产品的主要特点	作为潮流品牌与时尚快捷品牌之间的差别就是更注重街头风格
产品价格定位	T恤600~100元，外套2000元以上，鞋1500元以上	T恤450~120元，外套1500元以上，鞋500元以上	T恤399~499元，外套1200元以上，鞋200元以上
消费者特征	思想前卫、有生活态度的人	时尚、不拘小节、喜欢追随潮流的人	思想前卫的刚踏入社会工作的青年
终端形象	以生活馆形式进行打造	讲究服饰亲子搭配	量贩式销售

分析建议

1. 存在的问题

（1）由于潮流文化的局限性，很多地区市场并不宽阔。

（2）本产品售价相对较贵，很多人不能接受。

（3）企业刚刚起步，面对其他传统潮流品牌竞争力低。

2. 解决的办法

（1）开拓中低端市场，带动潮流品牌平民化。

（2）适当调整售价，开设折扣店铺。

（3）与其他潮流品牌合作，提升品牌知名度，增强竞争力。

（4）招聘服装设计人才，在产品设计上多下功夫。

C品牌以生活馆形式推广潮流文化，是有成为潮流界重量级潮牌的潜力的，其潜在购买客户是相当大的。相信在不远的将来，C品牌将遍布全球，传递华人的潮流文化。

三、服装品牌产品开发企划

产品企划是现代品牌服装企业设计工作的重要内容。服装品牌产品企划一般指服装企业的设计师经过市场调研将一季度或全年的产品开发计划以图片、文字、表格、实物等方式呈现报告。企划报告包括调研报告、开发费用预算、企划工作进度表、产品风格定位、产品类别及其结构比例、产品主题、季度产品整体企划、主题产品设计开发等（图4-6）。

服装品牌产品开发企划的意义，就在于它把设计开发、产品生产、品牌建设和市场营销整体纳入商品运营的规划范围，使它们协调一致，实现优化组合，从而使商品在占领市场的基础上，有效地增加附加价值。

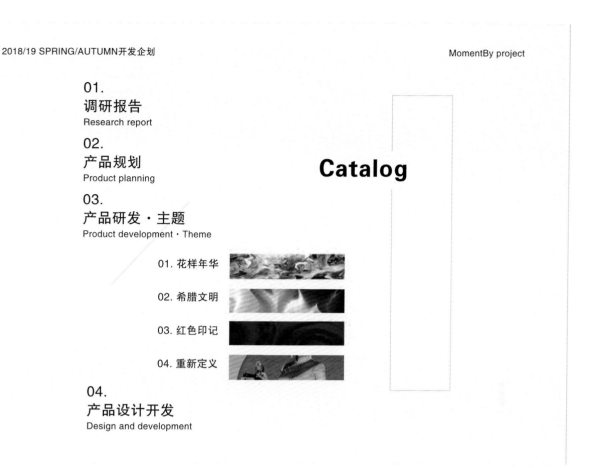

01.
调研报告
Research report

02.
产品规划
Product planning

03.
产品研发·主题
Product development · Theme

    01. 花样年华

    02. 希腊文明

    03. 红色印记

    04. 重新定义

04.
产品设计开发
Design and development

Catalog

图4-6

任务实施实训内容：

服装品牌产品设计开发企划案

实训任务指导：

    模拟品牌运作流程，结合流行趋势与市场调研，完成女装产品设计开发企划案。实训以小组为单位，进行团队创作。根据目前企业对设计师的要求，针对性地模拟企业产品研发全过程，掌握服装设计师的基本工作技能，熟悉服装企业产品开发的工作流程，从市场调研开始，通过市场调研、面料采集、主题讨论、主题版设计制作、主题风格效果图绘制、款式图的设计及绘制等环节逐个进行实践练习，完成产品企划。训练团队合作精神，激发创作才能，学习服装设计师的基本技能，将知识和技能融入到工作任务中。

模拟案例掠影：

    Mingbao MomentBy2018产品开发企划案（学生作品，图4-7~图4-31）。

图4—7

图4—8

图4—9

"状态"的色彩板色彩取自于各种职场场景，色调中和又不失优雅，明度适中不失年轻感，年轻优雅，不会太死板沉闷严肃。

The color palette of the state is taken from a variety of workplace scenes, tonal and elegant, moderate in brightness，youthful in appearance，young and elegant, and not too rigid，dull and solemn.

图4—10

初入职场，灵感来自刚步入社会、步入职场带有对未来的憧憬与激情的同时又对工作上的新事物充满烦恼，思绪混乱的女性。

Enter the workplace, inspired by just entering the society, into the workplace, with the vision and passi on for the future. while the new things on the job full of trouble, confused thinking of women.

图4-11

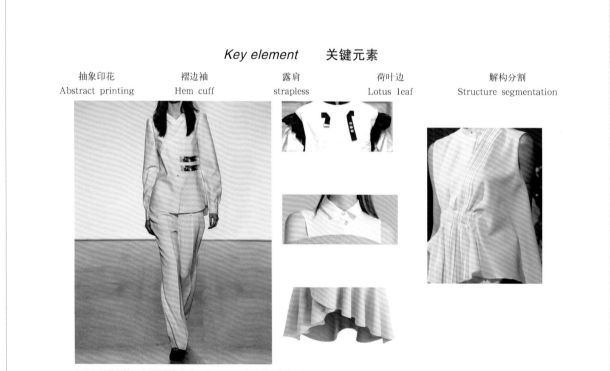

Key element   关键元素

抽象印花	褶边袖	露肩	荷叶边	解构分割
Abstract printing	Hem cuff	strapless	Lotus leaf	Structure segmentation

初入职场的女性，充满激情与抱负又小心翼翼，但即使那样在职场上也总四处碰壁。遇到许多问题不知所措。思绪凌乱。在这个主题中会用到褶、露肩、荷叶边、结构分割等设计元素来体现初入职场女性的青春活力，展现初入职场女性自己的独特气质，让初入职场女性更有自信。

In the early days of the career, women are full of passion and ambition, but even then they are always on the wrong side of the workplace. They have a lot of problems and confusion. Folds are used in this theme, off-the-shoulder, falbala, design elements such as structural segmentation to reflect the youthful vitality of women entering the workplace, show the distinctive temperament of women entering the workplace yourself, let the women entering the workplace more confident.

图4-12

韓国明宝纺织面料
Korea Ming Bao textile materials

CODE:mbjs0005

CODE:mbjs0008

图4-13

韓国明宝纺织面料
Korea Ming Bao textile materials

CODE:MBLG0035

CODE:mblzy208

图4-14

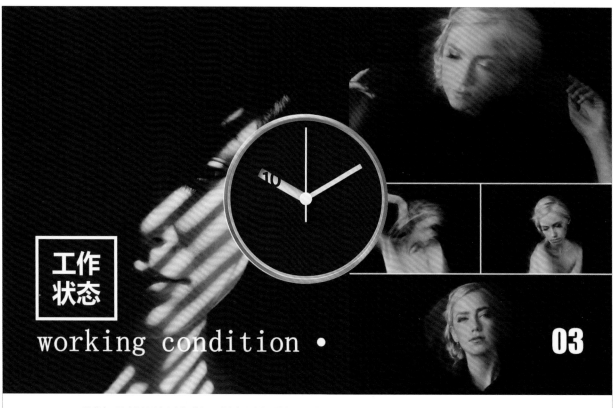

工作状态，灵感来源于办公室的时钟，工作上争分夺秒，讲究工作效率与速度，在这个主题中体现女性干练的一面是主要着重点。
Working canditions, inspired by office clocks, work against the clock, pay attention to wark efficiengy and speed, in this theme, the erbodiment of the feminine talent is the main focus.

图4-15

图4-16

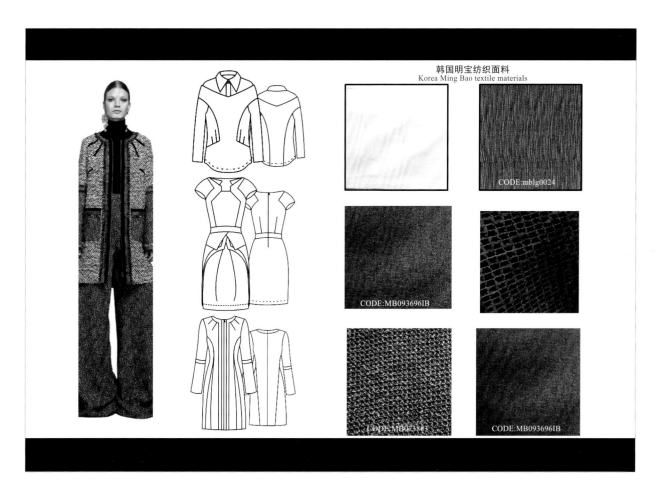

韩国明宝纺织面料
Korea Ming Bao textile materials

CODE:mblg0024

CODE:MB093696IB

CODE:MB073843

CODE:MB093696IB

图4-17

职场
外交

Workplace diplomacy

04

职场外交。灵感来自城市中的高楼大厦和一些建筑结构，在这个主题中强调分割、流畅的线条。
Workplace diplomacy, inspired by tall buildings and archi tectural structures in the city, emphasizes segmentation and flowing lines in this subject.

图4-18

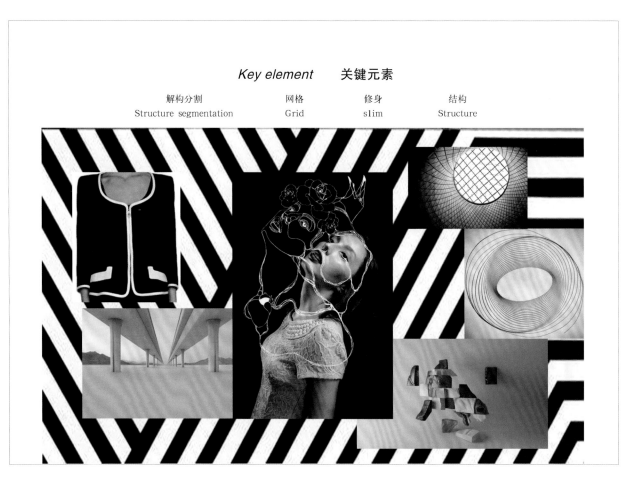

图4-19

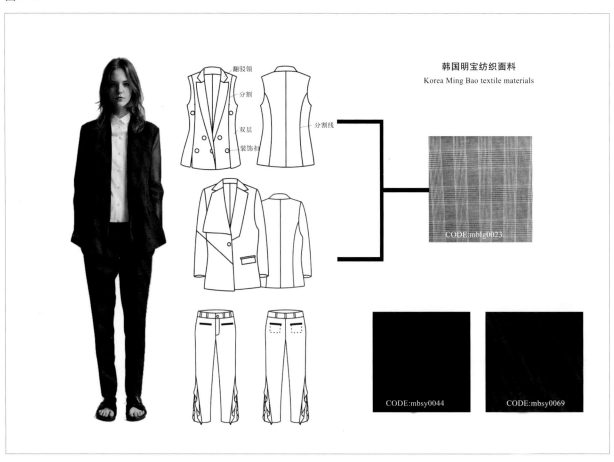

图4-20

韩国明宝纺织面料
Korea Ming Bao textile materials

CODE:MB073885

CODE:blg0030

CODE:mbc10004

分割拼接
测袋
褶

分割拼接
褶

脚口压
明线

图4-21

COFFEE

COFFEE   2.5
ESPRESSO   2.5
MACCHIATO   3
CAPPUCCINO   3.5
LATTE   4
MOCHA   5
HAND POURED COFFEE   A.Q.
TEA   A.Q.
COLD BREW BOTTLE   4

午后
时光

Afternoon time

05

午后时光，灵感来源于经过一上午的忙碌。午后休息喝的那杯咖啡，让人放松紧绷的思绪，这个主题着重于舒适。
In the afternoon, the inspiration comes from a busy morning, afternoon break, a cup of coffee; a relaxed; tight mind, and this theme focuses on comfort.

图4-22

Key element 关键元素

文艺复兴圆领	温柔蜜桃粉	花卉印花	抽褶
Renaissance neck	Soft peach powder	Flower printing	Pleat

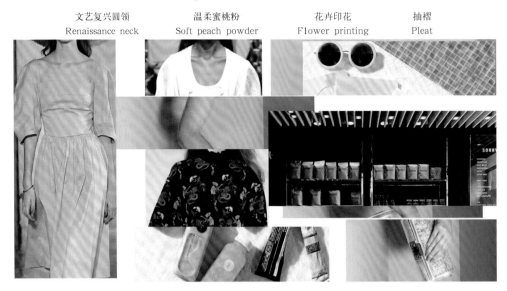

忙碌了一上午职场女性在午饭过后喜次和同事聊聊天喝怀下午茶放松自己的同时享受生活的充实，午后时光给人一种轻松、舒适的感觉所以在这个主题中会运用到一些轻色系的颜色，比如蜜桃粉，粉蓝。款式设计上无刻意收省，合体舒适当宽松。会也会用到花卉印花，抽褶这些元素，用在设计的服装上以表达这个主题想体现轻松、舒适、自在的设计理念。

A busy morning in women afier lunch and chat with colleagues love 1o drink a cup of tea to relax and enjoy life in the afternoon, give a person a kind of relaxzed and comforable feeling so in this theme will be applied to somelight colors, such as blue, peach powder. style desige without dellberately save, fit comfortable, appropriate loose. Flower prints will also be used to fold these elements into the design of clothing to express the theme of a relaxed, comfortable and comforatable design concept.

图4-23

CODE:mbs10006
DESIGN:1/4
（16/10）

WIDTH: 58-59
REMARK:SL12068
WEIGHT:
COMP:

CODE:mbjs0022
DESIGN:

WIDTH:
REMARK:
WEIGHT:
COMP:

CODE:mbjs0008
DESIGN:1/5(17/07)

WIDTH:48-50
REMARK:CM0096
WEIGHT:115 GR/YD
COMP:COTTON 97% LYCRA

CODE:mblg0023
DESIGN:1/4 (17/08)

WIDTH: 58
REMARK:LGF235-4
WEIGHT:
COMP:

CODE:MB100015
DESIGN:

WIDTH:
REMARK:
WEIGHT:
COMP:

图4-24

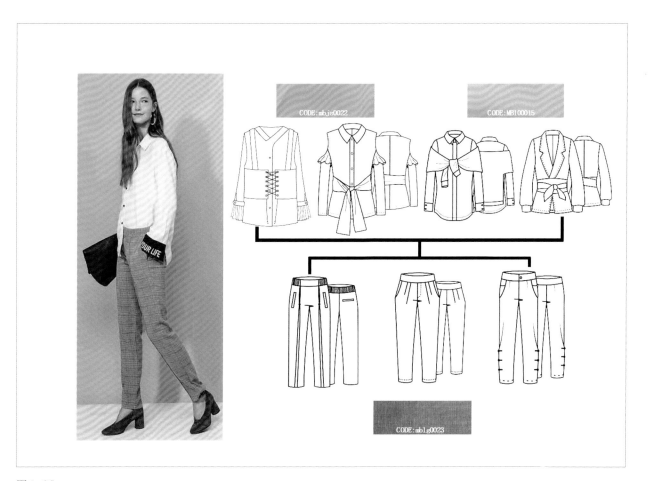

图4-25

图4-26

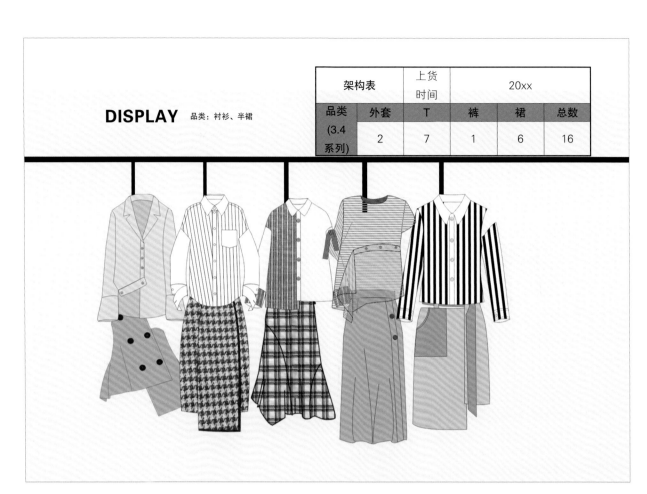

架构表	上货 时间		20xx		
品类 (3.4 系列)	外套	T	裤	裙	总数
	2	7	1	6	16

图4-27

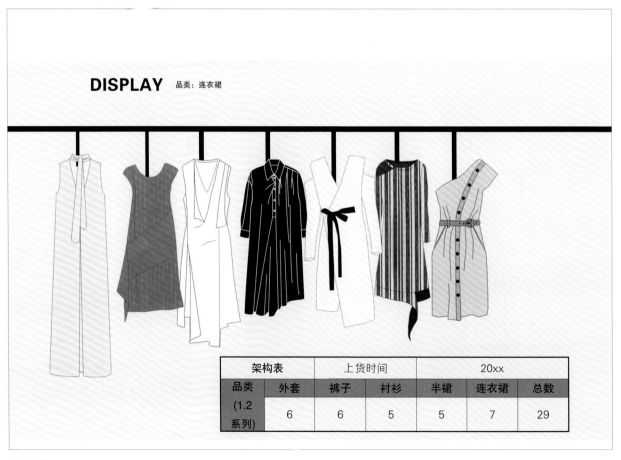

架构表	上货时间			20xx		
品类 (1.2 系列)	外套	裤子	衬衫	半裙	连衣裙	总数
	6	6	5	5	7	29

图4-28

图4-29

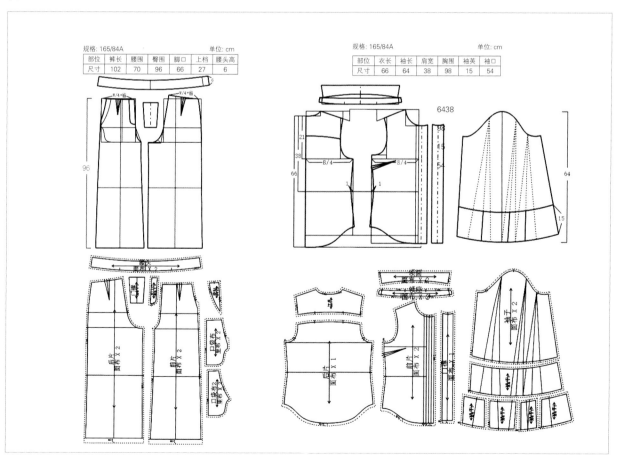

图4-30

图4-31

责任编辑：杜亚玲

封面设计：艾婧

东华大学出版社
微信公众号

东华大学出版社
天猫旗舰店

ISBN 978-7-5669-1832-1

9 787566 918321 >

定价：38.00元

草木染

服饰设计

Plant Dyeing for Fashion

张丽琴——著

草木韶言——染色要诀——草木之色——草木之服——纹饰之技

东华大学出版社